Jean-Henri Fabre

法布尔昆虫记

霸王镰刀手螳螂
与摇篮入侵者寄生蜂

〔韩〕高苏珊娜◎编著　　〔韩〕金世镇◎绘　　李明淑◎译

北京科学技术出版社
100层童书馆

序

　　法布尔是一位杰出的昆虫学家，也是一位优秀的文学家。19世纪末至20世纪初，法布尔捧出了一部《昆虫记》，世界响起了一片赞叹之声，这片赞叹声一响就是100多年，直到今天！

　　《昆虫记》语言朴素却不失优美，法布尔把一部严肃的学术著作写成了优美的散文，人们不仅能从中获得知识，更能获得一种美的享受，并由衷地对大自然产生深深的爱！

　　作为一位昆虫学家，一位用心去观察、用爱去感受的昆虫学家，法布尔的科学研究是充满诗意的。他不把昆虫开膛破肚，而是充满爱心地在田野里观察它们，跟它们亲密无间。他用诗人的语言描绘这些鲜活的生命，昆虫在他的笔下是生动、美丽、聪慧、勇敢的，他说他在"探究生命"，目的是"让人们喜欢它们"。他的心如同孩童般纯真，他的文字也充满想象力和感染力。他要让厌恶昆虫的人知道，这些微不足道的小虫子有许多神奇的本领，它们勇于接受大自然的考验，努力在这个世界上争得生存的空间。

　　北京科学技术出版社出版的这套改编的儿童版"法布尔昆虫记"换了一种方式来呈现这部科学经典。这套书用简洁的语言、精美的彩图、生动的故事情节描绘法布尔原著中具有代表性的昆虫，讲述它们的故事，展现它们的个性，处处流露出作者对它们的喜爱。我向小朋友们推荐这套彩图版"法布尔昆虫记"，是因为它语言非常优美，且所描绘的昆虫形象栩栩如生，小朋友们可以透过文字了解它们的喜怒哀乐。故事兼具科学性和趣味性，能够激发小朋友们的阅读兴趣和对大自然的好奇心，培养他们尊重生命、亲近自然、热爱科学的精神！

　　最后，希望北京科学技术出版社出版更多、更好的儿童科普书，同时也祝愿我国的儿童科普事业蓬勃发展！

中国科学院院士

张广学

永不畏惧的斗士

　　我第一次看到螳螂是在家门口的院子里。那时我还小，站在我身旁的妈妈挥手试图赶走那只螳螂，没想到螳螂突然扑了上来，把妈妈的手背咬出了血，年幼的我吓得尖叫了起来。

　　从那以后，我便认为螳螂是一种非常可怕的昆虫。恐怖电影里也经常出现螳螂，从这一点可以看出，害怕螳螂的人不止我一个。

　　螳螂从不惧怕对手，即使对手比自己大很多。螳螂能够成为打架高手是有原因的。

　　在昆虫界，每一种昆虫都有自己独特的生存方式，比如有些昆虫整日忙碌地工作，而有些昆虫每天吃喝玩乐。

　　现在，让我们和法布尔一同踏上昆虫探索之旅的最后一程吧！

目录

霸王镰刀手——螳螂

每年到了冬季，

法布尔居住的塞里尼昂村里

到处都是螳螂的卵鞘。

村民们将这些泡沫状物称为"梯格诺"，

并用它们来治疗冻疮，

虽然他们并不知道这些泡沫状物是螳螂的卵鞘。

村民们认为，只要将"梯格诺"切开，

把流出的汁液涂抹在伤口处，便可治好冻疮；

村民们还认为，

"梯格诺"是治疗牙痛的特效药，

即使只是随身携带着"梯格诺"，

也能缓解牙痛。

因此，塞里尼昂村的妇女们

在冬季来临之前，

都忙着收集"梯格诺"。

如果有邻居没有时间收集，

她们也乐于和他们分享，

但会频频叮咛：

"千万不要弄丢，现在很难找到了！"

法布尔对"梯格诺"能够治病这件事

始终抱以怀疑的态度。

不过，他还是常常跟村民们开玩笑说：

"千万不要小看这天然的止痛药！

报纸上刊登了广告的许多药品

都没有'梯格诺'有效呢！"

贪吃的斗士

凉爽的秋风染红了树叶，

昆虫村里回荡着昆虫们歌唱秋天的鸣叫声。

一个秋高气爽的早晨，

昆虫村搭起擂台开始举行比武大赛。

"下一组参赛者是胡蜂和虎纹蜘蛛！"

只见胡蜂和虎纹蜘蛛

各自使出独门致命武器——毒针和蛛丝，

全神贯注地打起了比赛。

昆虫村里有很多种昆虫，
比如螽斯、蟋蟀、瓢虫、蝗虫、
蜜蜂、锹甲、螳螂……
他们都参加了这次比武大赛。
蚂蚁虽然在与瓢虫的对战中大胜，
后来却被蜘蛛咬伤，退到了一旁。
对昆虫们来说，胜败乃常事，
除了螳螂阿棠——
一位非常引人注目的常胜将军。

阿棠把那些向自己挑战的昆虫们
打得落花流水。
不仅如此，她还将自己的手下败将全都
一口一口地吞进了肚子里。
"还有谁要向阿棠发起挑战吗？
如果没有挑战者，
本次比武大赛的冠军就是螳螂阿棠！"
裁判竹节虫大声喊道。
"嘿嘿！不怕死的尽管上来吧！"
阿棠阴森森地笑着说。
这时，一只体形庞大的蝗虫
从观众席的一个角落里站了起来。
"哼！怎么能任由
你这个瘦小的家伙夺得冠军！"
说着，蝗虫呼呼地振动翅膀，
试图震慑阿棠。

"那只蝗虫的体形比螳螂大多了，
说不定能打败螳螂！"
在观众热烈的掌声中，
蝗虫气势汹汹地向前走来。
阿棠举着两条前腿静静地站在原地，
那模样就像一个虔诚的祷告者，
怪不得法国人也称螳螂为"祷告虫"，
并以传达神谕的女预言家
曼蒂斯（mantis）的名字为螳螂命名。
不过，阿棠并不是在祷告，
她举着的可是能置对手于死地的可怕武器！

螳螂镰刀般的前腿可以自由伸缩。

为了不妨碍行动，

螳螂平时将前腿折起来举在胸前。

但是，打架的时候，

螳螂会迅速伸出前腿进行攻击。

这时，蝗虫一边虎视眈眈地盯着阿棠，

一边大摇大摆地从虫群中走了出来。

"终于有挑战者出场了！

欢迎大名鼎鼎的大力士蝗虫先生！

现在，两位开始光明正大地决斗吧！"

蝗虫和阿棠站在擂台中央对视着，

阿棠眼神犀利，充满杀气。

阿棠的一对眼睛可不简单，

能够非常精确地判断猎物的位置，

再加上三角形的头可以 180° 旋转，

即使猎物从后方出现，她也能立马察觉。

"哼！这家伙的体形明显比我小，

腿和肚子也非常瘦小，

瘦弱得风一吹就会被吹走，

居然还妄想夺走本次大赛的冠军？！"

蝗虫面露不屑，

慢慢地朝阿棠靠了过去。

"嗯，这家伙的身材确实高大，
我不能掉以轻心！
还是暂时不出击，
先吓一吓他再说吧！"
想着，阿棠张开宽大的翅膀上下扑腾，
发出扑哧扑哧的声音，
还把两条镰刀般的前腿完全打开，
让自己看起来像幽灵一样可怕。
阿棠想以此来吓退蝗虫。
螳螂每次遇到比自己大的对手时，
都会摆出这样的姿势来威慑对手。

"这……这家伙是妖怪吧！"

蝗虫看到阿棠恐怖的样子，

吓得浑身发软，不知所措地愣在原地，

过了好一会儿才开始小心翼翼地向旁边挪动脚步。

阿棠转动着头紧盯着蝗虫。

蝗虫就像被施了催眠术一样，

竟然不由自主地走到了阿棠面前。

受到惊吓的蝗虫

连逃跑的念头都没有了！

就在这时，阿棠迅速伸出前腿，

精准地钩住了蝗虫的身体，

并且狠狠地插了进去。

"啊！我……我该怎么办？"

蝗虫害怕极了，无论怎么拼命挣扎

也无法逃出阿棠的魔爪。

螳螂的前腿又长又有力，

可以像弹簧一样快速伸出和缩回。

前腿边缘有许多锯齿，

一旦抓到猎物，螳螂无论如何都不会松开。

前腿末端还有一个尖锐的硬钩，

可以刺穿大多数昆虫坚硬的外壳。

前腿就是阿棠制胜的有力武器！

"啊！好痛！求求你放了我吧！我认输了！"

不管蝗虫怎样苦苦哀求，

阿棠都装作没听见。

17

阿棠收起翅膀，

恢复成原来的模样，

一口一口慢慢地吃起了蝗虫。

最后，可怜的蝗虫只剩下一对干硬的翅膀。

螳螂，准确地说是雌螳螂，

一旦捕捉到猎物，就不会轻易放手。

她们食量大得惊人，

通常会用尖利的大颚把猎物吃得一干二净。

"喂，选手阿棠！你不要把对手全部吃掉啊！

这里是比武大赛的赛场，不是残忍的战场！"

裁判竹节虫向阿棠提出了抗议。

听到喊声的阿棠转头看向竹节虫，

在场的昆虫们全都屏住了呼吸。

说时迟，那时快，

只见阿棠伸出"大刀"一把抓住了竹节虫。

阿棠的动作实在是太快了，

竹节虫连喊救命的时间都没有就被抓住了，

有的昆虫甚至都没看清阿棠是怎么出手的。

螳螂发现猎物靠近时，

会以迅雷不及掩耳之势发动攻击。

而在此之前，

螳螂通常静静地站在原地，

只是随着猎物转动头部，

眼睛紧盯着对方的一举一动。

阿棠一口咬住了竹节虫的脖子。

螳螂通常用一条前腿按住猎物的腹部，

用另一条前腿按住猎物的头，

然后用力咬断猎物颈部的神经，

这样，猎物就全身瘫痪，

一点儿反抗的力气也没有了。

"真是个可怕的家伙！

看来没有昆虫能打得过她！"

"那家伙不但是打架高手，还是个贪吃鬼！

吃掉所有的挑战者还不够，

现在竟然连裁判也吃掉了！"

观众席上的昆虫们开始议论纷纷。

"趁她吃掉我们之前，赶快离开这里吧！"

"对啊！她的胃口好大呀！

看她那样子好像还没有吃饱！"

现场的昆虫们立刻一哄而散。

恐怖的结婚典礼

比武大赛的场地里，

被阿棠吃掉的昆虫的残骸散落了一地。

在大家因恐惧而纷纷逃离的时候，

有一只昆虫却欣赏地看着阿棠，

他就是雄螳螂阿郎。

"哇，这位小姐真是既勇敢又可爱！"

阿郎被阿棠迷得神魂颠倒，

情不自禁地展开翅膀，飞到了阿棠面前。

身体瘦长的雄螳螂

和雌螳螂的习性完全不同。

阿郎的食量没有阿棠的那么大，

由于只需摄取少量食物就能满足基本的能量需求，

所以他只要偶尔吃一些苍蝇或小蝗虫就足够了。

而且，他也不像阿棠那么爱打架。

阿棠的翅膀是用来威慑敌人的，

阿郎的翅膀则是用来飞到雌螳螂身边的。

虽然不能像蝴蝶那样自由自在地飞行，

但雄螳螂一次也能飞四五米远，

可以在草丛里

飞来飞去寻找雌螳螂。

勇敢又可爱的螳螂小姐，
请你接受我的爱吧！
只要能和你在一起，
任何敌人我都不怕！
什么样的困难都难不倒我！

你是最棒的斗士！
你是最厉害的昆虫霸主！
只要能和你在一起，
什么样的美食都可以享用！
我亲爱的螳螂小姐！

阿郎一边唱着求爱歌曲，

一边轻轻地停在了阿棠面前。

"阿棠小姐，我已经情不自禁地爱上了你！

请接受我的求婚吧！"

阿郎挺起胸膛，大胆地向阿棠示爱。

阿棠一脸不屑地瞪着眼前的阿郎，心想：
"哼，自掘坟墓的家伙！
真是找死！想试一试吗？"
阿郎见阿棠没有任何反应，
只好绕着阿棠转了一圈，
展开翅膀使劲拍打了好一阵。
之后，他小心翼翼地爬到阿棠背上，
用尽全力牢牢地抓住了阿棠的脖子。
他们需要保持这个姿势一段时间
才能完成交配，
有时需要五六个小时甚至更长时间。
求爱成功的阿郎兴奋得不得了。
但是，兴奋只是暂时的，
因为还没等交配结束，
阿棠就已经将阿郎的头咬掉了。

每到螳螂交配的季节，

雌螳螂和没有头的雄螳螂交配的场面十分常见。

"你可别说我太残忍，

这都是为了我们的孩子啊！

所以，你的牺牲是值得的！"

交配完后，

阿棠立马一口接一口地吃掉了阿郎。

躲在一旁偷看的小螽斯

慌慌张张地逃回昆虫村，

向昆虫们描述了他看到的恐怖场景。

"天哪！怎么会有这么邪恶的昆虫！

竟然连自己的丈夫都吃！"

"雌螳螂真可怕！
听说就算有足够多的食物，
她们也会吃掉自己的丈夫！"
"还有，她们只喜欢捕食活昆虫。
我们最好离她们远一点儿！"
昆虫们只要一见面，
就开始谈论阿棠吃掉自己丈夫的事情。

有一天，住在邻村的锥头螳螂来到了昆虫村。

昆虫们看到锥头螳螂都吓了一跳，

连忙躲了起来。

"是残忍的雌螳螂！"

"说不定她会把我们全都吃掉！

还是赶紧躲起来吧！"

锥头螳螂外表非常奇特，

一双大眼睛明显向外突出，

两眼之间还长了一个三角形的角，

从侧面看就像是戴着魔法帽的魔法师。

"嘿！你们别怕，我虽然长得有些奇怪，

但是并没有其他雌螳螂那么可怕！

我的食量很小，而且绝对不会吃掉自己的丈夫，

我是非常温顺的雌螳螂！"

锥头螳螂身上长有

淡绿色、白色和紫红色的彩色斑纹，

看起来非常漂亮。

但是，昆虫们根本不相信她的解释。

其实，锥头螳螂说的都是大实话，

就算把几只雌锥头螳螂关在一个狭小的空间里，

她们也决不会争吵或打架；

而且，她们食量非常小，

每天只需吃一只苍蝇那么大的昆虫。

"唉，真扫兴！难得过来找大家玩儿！
这都是那些雌螳螂的错，
害得大家产生误会，
认为我也是个残忍的家伙！
下次让我看到那些雌螳螂，
一定好好教训教训她们，
让她们尝一尝我三角剑的厉害！"
锥头螳螂放了大话后离开了昆虫村。
其实，锥头螳螂虽然表面上愤愤不平，
但心里很害怕遇到其他雌螳螂，
尤其是怀孕的雌螳螂，
她们特别凶残。

无情的螳螂妈妈

没有亲朋好友的阿棠，
每天都孤零零的。
她成了昆虫村里人见人怕的昆虫，
总是受到其他昆虫的排斥和谩骂。
不过，向来独来独往的阿棠
根本不在乎那些昆虫的看法。

想骂就尽管骂吧，
我才懒得搭理你们！
我是凶猛的斗士，
我是出了名的镰刀手！
我什么都不怕，
不论是谁都斗不过我！

想骂就尽管骂吧！
只要是活着的昆虫，
遇到我统统都会被我吃掉！
我是什么都吃的贪吃鬼，
就连丈夫都不放过，
就算是同伴也敢吃掉。

是啊！是啊！我很残忍！
没错！没错！我是坏蛋！
那又怎么样呢？
我是昆虫霸主——雌螳螂！

阿棠抚摸着因怀孕而隆起的肚子自言自语：
"我也不是无缘无故变成打架高手和贪吃鬼的！
如果不这样，我怎么能产下如此多的卵呢？"
到了凉风习习的秋天，
阿棠开始准备产卵，
她最喜欢在阳光充足的干树枝、
葡萄根或石头上产卵。
"这里好像还不错！"
阿棠先在干树枝上产下了第一个卵鞘，
接着，又到一边的石头上产下了第二个卵鞘，
然后，又在旁边产下了第三个卵鞘。
她足足用了两个多小时，才产完所有的卵。

第一个卵鞘和第二个卵鞘大小相当，

但是第三个卵鞘

只有前两个卵鞘的一半大。

阿棠产下的前两个卵鞘，每个里面有 400 多枚卵，

就连最小的第三个卵鞘里也有 200 ～ 300 枚卵。

刚产下来的椭圆形卵鞘呈白色，

随着时间的推移，

它表面的颜色会慢慢变成麦穗般的黄色。

阿棠看着自己千辛万苦产下来的卵说：

"孩子们，寒冷的冬天马上就要到了，

不过，在温暖的卵鞘里你们什么都不用担心，

厚厚的卵鞘会保护你们的！"

螳螂的卵被包裹在泡沫状的卵鞘里。

这个泡沫状的卵鞘，

除了可以保护卵免受外界的伤害，

还能抵御冬季的寒风。

那一层层的泡沫就像棉被一样，

帮助卵鞘保持温暖，不让寒风渗透进去。

卵鞘虽然外壳非常坚硬，

但是表面有很多细小的缝隙，

这是为了方便孵化出的小螳螂爬出去。

"妈妈现在要离开了！

从卵里孵化出来以后，

你们就要学会自己照顾自己了！

没有谁会帮助你们，

蚂蚁会吃掉你们，

蝗虫和螽斯会盯着你们，

小鸟和蜜蜂也把你们当成猎物！

千万不要像妈妈的兄弟姐妹一样，

白白丢掉自己宝贵的生命。"

阿棠想起了自己小时候的事情。

阿棠小时候常常看到自己的兄弟姐妹

遭到其他昆虫的残害，

就连自己也有好几次差点儿被吃掉。

所以，阿棠为了保护自己，

便在每一次蜕皮后，

努力让自己变得越来越强悍。

"你们中间能够像妈妈一样

真正长大成年的幸运儿不多。

不过，妈妈并不希望你们的成长道路上无风无浪，

因为只有经历风浪，才能变得强悍。

如果被其他昆虫吃掉了，

那就只能怪自己太软弱。

毕竟，能够躲避敌人的攻击

勇敢存活下来的小螳螂，

将来才能成为真正的斗士，

才能成为昆虫村的霸主！"

说完，她转身准备离开。

就在这时，在附近草丛里玩耍的蝗虫
发现了阿棠的卵鞘，
"咦？这个硬硬的东西是什么？"
蝗虫好奇地过去坐在了卵鞘上。
但是，看见这一切的阿棠
并没有回去保护自己的卵鞘，
反而径直跳进了草丛里。
等到温暖的春天来临，
卵鞘里将陆续孵化出许多小螳螂。
当然，正如阿棠所说，
大部分小螳螂会被其他昆虫吃掉。
那些存活下来的小螳螂中
一定会有一只像他们的妈妈一样，
成为无情而残忍的斗士和贪吃鬼，
称霸昆虫村。

摇篮入侵者——寄生蜂

法布尔为了观察朗格多克飞蝗泥蜂捕猎螽斯的过程，

在森林里四处寻找朗格多克飞蝗泥蜂的踪迹，

但是，每次都是辛苦了半天却收获甚微。

没想到，20 年后的某一天，

法布尔的儿子埃米尔竟然发现了朗格多克飞蝗泥蜂的踪迹。

法布尔闻讯高兴极了，迫不及待地跑到现场观察。

正如埃米尔所说，

果然有一只体形巨大的朗格多克飞蝗泥蜂

正拖着被麻醉了的螽斯在路上行走。

法布尔正是有了儿子的帮助，

才能够目睹朗格多克飞蝗泥蜂捕猎螽斯的过程。

此外，法布尔还研究了一些

喜欢不劳而获的昆虫的习性。

法布尔经过长期的观察与研究，

发现像青蜂、蚁蜂、食蚜蝇和卵蜂等昆虫，

专门在其他昆虫辛苦得来的猎物

或它们的幼虫身上产卵。

例如，当别的昆虫在勤奋地工作时，

平常只顾着梳妆打扮的青蜂

会溜进长喙沙蜂的洞穴里，

偷偷地在它的卵旁产下自己的卵，

让自己的幼虫吃着长喙沙蜂幼虫长大。

一生从事昆虫研究的法布尔发现，

并不是所有的昆虫都在勤奋地工作，

昆虫世界里也有一些昆虫是不劳而获的寄生虫。

笨蛋还是天才？

一个晴朗的午后，

体形巨大的朗格多克飞蝗泥蜂盈盈

去草丛里打猎。

"今天一定要抓住一只螽斯才行……"

盈盈一边在草丛里穿梭，

一边仔细地寻找螽斯的身影。

"啊！找到了！"

盈盈发现了一只正在开心地唱歌的螽斯，

她立刻扑了上去，一把抓住了螽斯的脖子。

"哎呀！尊敬的朗格多克飞蝗泥蜂小姐，

饶了我吧，我是只雄螽斯！"

"咦？真是雄螽斯，我才不要雄的呢！"

说着，盈盈一脚踢开了

那只惊慌失措的雄螽斯。

盈盈只喜欢捕猎怀孕的雌螽斯，

因为她们营养特别丰富。

盈盈接着在草丛里找来找去，

终于发现了一只因过于肥胖而行动迟缓的螽斯，

这次，盈盈一眼就确定那是只怀有身孕的雌螽斯。

"嗯，这家伙真够肥的！"
盈盈迅速扑向这只螽斯，
狠狠地咬住了她马鞍似的前胸，
然后拱起腹部将毒针刺向螽斯的前胸；
紧接着，又咬住螽斯的颈部往里刺了一针，
这一针是为了麻醉螽斯前胸的神经节。

被麻醉的蠡斯身体很快就不能动弹了，
任凭盈盈翻过来倒过去，全然没有反应，
不过，她并没有死掉。
"我怎么了？我的身体怎么不能动了……"
蠡斯的两根触角不停地颤抖着，
她试图挪动身体，但怎么也动弹不了，
尤其是她的腿，几乎一点儿知觉都没有。

朗格多克飞蝗泥蜂只会麻醉

螽斯身上的运动神经，

除了不能动以外，

螽斯的身体没有其他问题。

被麻醉的螽斯能一直活到幼虫孵出。

这看似与常理不符，

但其实是有据可循的，

因为被麻醉的螽斯不会拼命挣扎，

只需一点点的能量就可以活很久。

而且，螽斯被麻醉后难以动弹，

所以不会伤害朗格多克飞蝗泥蜂幼虫。

"好了！现在跟我一起回家吧！
你很快就要成为我宝宝的大餐了！
把你麻醉虽然费事，
但这都是为了让我的宝宝吃上新鲜的食物，
被麻醉的家伙才是最佳选择！"
如果一只活蹦乱跳的螽斯
被拖进朗格多克飞蝗泥蜂的洞穴，
会发生什么事呢？
由于一直奋力挣扎，
这只螽斯很快就会耗尽能量，
以至于活不过四五天就会死掉并开始腐烂。
朗格多克飞蝗泥蜂虽然没有学过生物学，
但却具有与生俱来的判断力，
简直就是天才生物学家。
盈盈咬住螽斯的触角，
拉着螽斯倒退着往前走。

我是聪明的天才学者！
把猎物麻醉后拉回家去！
我非常清楚，
被麻醉的猎物才能长时间保鲜！

我是强壮的大力士！
可以拖着巨大的猎物前进！
咬住细细的触角，
即使是陡峭的斜坡也能爬上去！

兴高采烈地拖着猎物前进的盈盈
突然停下了脚步，
原来她发现了一只螳螂！
那只螳螂高举"大刀"站在路旁，
正在伺机捕猎。

"哼！那家伙是不是

把我和我的战利品都当成自己的猎物了？

门儿都没有！"

盈盈一边瞪着螳螂，一边继续拖着螽斯前进。

她毫不畏惧地从螳螂身边经过，

并故意对那只虎视眈眈的螳螂大喊道：

"喂！你应该知道我的毒针有多厉害吧！

如果你胆敢攻击我，我绝不会手下留情！"

盈盈一路目光犀利地盯着螳螂。

"如果她再靠近一点儿，

我就可以用我的'大刀'一把抓住她！"

螳螂遗憾地想。

朗格多克飞蝗泥蜂是个狠角色，

螳螂就算再怎么喜欢打架，

也不想主动攻击凶巴巴的朗格多克飞蝗泥蜂。

盈盈安然无恙地从螳螂

眼皮子底下过去了。

"哈哈哈！我是既聪明又勇敢的朗格多克飞蝗泥蜂！

谁也不敢攻击我，抢夺我的猎物！"

盈盈感到心情舒畅，连脚步都轻快了许多。

就在盈盈快要抵达洞穴时，

一个戴着帽子的小男孩发现了盈盈。

"咦？小蜂拖着大螽斯走，真奇怪啊！"

小男孩盯着盈盈，

突然想搞个恶作剧。

只见小男孩从口袋里掏出一把小剪刀，

剪断了蟊斯被盈盈咬着的那根触角。

"咦？怎么回事？

猎物怎么突然变轻了？"

突如其来的变故让盈盈不知所措。

"哎呀！蟊斯的触角断了！

算了，看来只能拉着颚须走了！"

盈盈咬住了蟊斯触角旁的颚须，

拉着蟊斯继续前进。

“嘿嘿嘿，真好玩儿！

再让这家伙尝尝我的厉害！”

这次，小男孩将螽斯的颚须也剪断了。

“今天真是奇怪啊！”

盈盈一边自言自语，

一边寻找螽斯还可以让她咬住的部位，

可是，她找了半天也没有找到，

只好尝试咬住螽斯的头。

但是，螽斯的头又圆又滑，

而且比盈盈的嘴巴大了许多，

盈盈根本没有办法一口咬住。

“哎呀，怎么这么滑？！真是伤脑筋！”

盈盈用后腿不停地搓着翅膀，

并用前腿抚摸着自己的头，

看起来又焦躁，又无奈。

小男孩看到这一幕，

感觉有些过意不去，

便拿起螽斯，将一条腿递到盈盈眼前。

"这里有6条又细又长的腿可以咬啊！

你不要一直想着咬螽斯的脑袋，

这些腿不是更好咬吗？"

小男孩给盈盈看了看螽斯的腿，

但是，盈盈没有领会小男孩的好意。

"唉，千辛万苦得到的猎物，

没有了触角和颚须，

我就没有办法拖回家了！"

虽然盈盈心里非常舍不得，

但是仍然决定放弃眼前的这只螽斯。

"你这个愚蠢的家伙！

怎么这么轻易就放弃了辛苦得来的猎物呢？

为什么不试一试头以外的部位？

其实只要咬住腿就可以了，

你怎么就想不到呢？

真笨啊！"

小男孩朝着飞走的盈盈大声喊道。

幸好，盈盈很快又抓到了一只雌螽斯。

她将雌螽斯麻醉之后

拖到了一块预先看中的沙地上。

朗格多克飞蝗泥蜂通常会在沙地

或老房子破损的墙缝里挖洞。

"先把房间打扫干净吧！"

盈盈把螽斯放下，

径直走进洞穴检查洞内的情况。

"差不多了！房间很干净，墙壁也很坚固！"

盈盈将蠡斯拖进了洞穴，

然后，在蠡斯的腹部产下了卵。

"我的宝贝，你们一定要健康成长啊！

妈妈给你们准备了最肥美的蠡斯，

为了你们的安全，

妈妈还会将洞口封好！"

从洞穴里爬出来的盈盈开始封洞。

她先用后腿用力往洞口拨土。

"一定要垒一扇坚固的大门！"

盈盈用大颚挑选了一些沙子

放到洞口的土堆里，

并用额头和大颚拍打紧实。

盈盈建了一间既隐蔽又坚固的密室，

这样，谁都无法找到和伤害她的宝宝了。

如果某个家伙在盈盈忙着封住洞口时

偷偷把洞穴里的蟊斯挖出来的话，

会发生什么呢？

盈盈发现蟊斯和卵都不见了时，

又会有什么反应呢？

其实，即便如此，盈盈还是会继续认真地封住洞口。

朗格多克飞蝗泥蜂并不在乎自己捕来的猎物是否丢失，

只是按照本能努力地完成自己应该做的事情，

比如按捕猎、产卵以及封洞的顺序，

按部就班地进行下去。

有时候，在某些方面比人类聪明的昆虫，

在另外一些方面又表现得非常愚笨。

"终于完成了！
今天真是不同寻常的一天啊！"
封好洞口的盈盈飞走了，
一边飞，一边在心里称赞自己，
"我真是一个天才！"

不劳而获的昆虫

太阳直射着一片沙漠般荒凉的小丘陵，
在这片丘陵上，有一座昆虫村，
昆虫村里住着很多昆虫。
蜂类的家就在昆虫村的一个角落里，
节腹泥蜂、土蜂、长喙沙蜂和蜜蜂等
各种各样的蜂在这里过着和睦的生活。
在昆虫村的其他地方还住着
狩猎蜂幼虫喜欢吃的各种昆虫，
有象鼻虫、苍蝇、蝗虫、蜘蛛等。

有一天，昆虫村里飞来了几只雌青蜂，
她们长得非常美丽。
"大家好！我们是刚刚搬到这里的青蜂，
很高兴认识你们！"
青蜂们一边展示着自己宝石般闪亮的身体，
一边向其他蜂介绍自己。

有的青蜂身体呈绿色和紫色，

有的则呈蓝色和橙色，

有的青蜂有着玻璃般晶莹剔透的胸部。

真是一群美丽耀眼的家伙啊！

大家一边打量着青蜂，

一边嘀嘀咕咕地小声议论着：

"我们得小心这些新搬来的家伙！

还记得上回蚁蜂干的好事吗？

当初大家还以为她是一只蚂蚁，

没想到被她骗了，

结果损失了好多幼虫！"

蚁蜂是一类酷似胖乎乎的多毛蚂蚁的昆虫，

她们喜欢用触角摸索隐蔽的蜂巢，

寻找可以产卵的地方。

"你说的没错！

奸诈的蚁蜂竟然就守候在蜂巢外面，

等我们离开蜂巢以后，

偷偷溜进去在我们的幼虫身上产卵。"

年长的老蜂想起了蚁蜂曾经干的事情，

对这群陌生的家伙戒心更重了。

但是，小蜂们却不以为然地说：

"看看这些青蜂，

多么高贵，多么美丽呀！

真是太迷人了！"

"是啊！是啊！丑陋的蚁蜂怎么能与

如此美丽、如此有品位的青蜂相提并论呢？

蚁蜂就是一群没有完全进化的低级蜂，

青蜂可是蜂类家族里最美的皇后啊！"

年轻的石蜂早已被美丽的青蜂

迷得神魂颠倒，

连忙点头应和道。

"你们不能只注重外表，
要多多提防陌生的面孔！"
老蜂好心提醒大家，
但是谁也没有把他的忠告放在心上。
就这样，青蜂们在昆虫村里
过起了舒服快乐的日子。
当其他蜂为了养育幼虫
努力地盖蜂巢或挖洞穴时，
青蜂们却整天游手好闲，无所事事。

"难道你们不需要养育幼虫吗？
你们得为幼虫寻找食物啊！"
隔壁的蜜蜂好心地提醒青蜂。
"我们每天忙着打扮自己，
根本没有时间去做那些事，
不过，你们不用担心，
我们比谁都有信心能养好自己的幼虫！"
青蜂非常自信地对蜜蜂说。

事实上，青蜂的习性
和天性勤劳的蜜蜂的完全不同，
青蜂很懒惰，喜欢不劳而获。
雌青蜂会偷偷在其他昆虫辛苦捕来的猎物
或其他昆虫的幼虫身上产卵，
让自己的幼虫吃着其他昆虫的猎物或幼虫长大。

所以，雌青蜂什么事情也不用做，
只要找到合适的地方产卵就行了。
青蜂、蚁蜂、食蚜蝇、
褶翅小蜂和卵蜂等，
都是不劳而获的寄生虫。

当其他蜂都在忙着
为产卵做准备的时候，
青蜂还是过着游手好闲的日子。

要怎样形容我们的美丽呢?
绿宝石、紫宝石、蓝宝石?
我们是会飞的宝石!
我们是世界上最美丽的蜂!

我们怎么如此美丽?
犹如披着绚丽的丝绸,
我们全身上下都是华丽的装饰品!
我们是世界上最华丽的蜂!

一只雌青蜂一边照镜子，一边赞叹自己的美丽，

"像我们这么漂亮的蜂，

怎么可能需要整日拼命工作？

我们可是高贵的青蜂，

打扮自己比整天无聊地工作更重要，

活着就一定要有品位！"

正当青蜂懒洋洋地睡午觉的时候，

长喙沙蜂的卵已经在沙丘下的洞穴里发育成了幼虫。

"又该给宝宝找肥美的食物了！"

于是，勤劳的长喙沙蜂出去为宝宝准备昆虫大餐。

"看来我也该产卵了！

嗯，谁的洞穴比较合适呢？

对了，就产在长喙沙蜂的洞穴里吧！"

青蜂打好如意算盘，

迅速飞到长喙沙蜂幼虫所在的洞穴入口处。

这时，长喙沙蜂恰好打开了洞口的大门，

正拖着昆虫大餐准备去给自己的幼虫喂食。

"你好，长喙沙蜂！"

"是青蜂啊，你最近还好吗？

找我有什么事吗？"

"没什么！只是想看一看你的房子！

我可以进去参观一下吗？"

长喙沙蜂还没有来得及回答，

青蜂就快速钻进了她的洞穴里。

其实，长喙沙蜂每次离开洞穴的时候

都会仔细地封好洞口，

防止其他昆虫闯入。

青蜂居然懒到

连长喙沙蜂洞口的大门都不愿意自己打开，

只会趁长喙沙蜂洞口大开时溜进去。

虽然青蜂看着比长喙沙蜂小，

但是她一点儿也不怕长喙沙蜂的毒针，

因为青蜂知道长喙沙蜂根本没有看穿自己的阴谋。

"哇！好漂亮的小宝宝！"
青蜂一边称赞长喙沙蜂的幼虫，
一边偷偷地产下了自己的卵。
"那么，我们下次再聊吧！"
青蜂迅速地从长喙沙蜂的洞穴里爬了出来。
这样，青蜂的幼虫从卵里孵化出来以后，
便会吃着长喙沙蜂的幼虫长大。
第二年春天，长喙沙蜂的洞穴里
就会出现一个棕红色的蛹。

这个棕红色的蛹就是青蜂幼虫的蛹。

它像一个杯子，

"杯子"的开口处还有一个平平的盖子。

至于长喙沙蜂幼虫，

早就被青蜂幼虫吃得只剩下一层外皮了。

青蜂就是这样不费吹灰之力养育幼虫的。

有一只雌青蜂盯上了螺蠃,

她看到螺蠃在岩石上盖了一座

由许多房间组成的圆顶蜂巢。

等螺蠃幼虫变成蛹后,

她展开了偷袭行动。

虽然螺蠃的蜂巢表面非常致密,

但是雌青蜂能将针状的产卵管

从蜂巢的缝隙中插入并产卵。

等到第二年,

螺蠃蜂巢的蛹里就会孵化出青蜂幼虫,

而螺蠃幼虫早已进了青蜂幼虫的肚子。

在其他昆虫的洞穴里偷偷产完卵的雌青蜂们,

轻松悠闲地在昆虫村里散步。

这时,她们遇到了一只寻找石蜂蜂巢的雌暗蜂。

暗蜂一脸不屑地说：

"你们这些懒惰的家伙，

看样子已经在别人家里产卵了吧！"

"哼！你还不是和我们一样只会不劳而获！"

"少在那边自命清高！"

青蜂们听了暗蜂的话，生气地说。

"我跟你们才不一样呢！我比你们勤快多了！

我为自己的孩子付出了很多心血。"

"既然选择了吃喝玩乐，就是要享受啊！"

"谁让你那么愚蠢，尽做些徒劳无功的事情！"

青蜂们嘲讽完暗蜂，转身飞走了。

"哼！我才不和你们同流合污呢！

我是勤劳的蜂，

最讨厌游手好闲的家伙！"

暗蜂继续四处寻找石蜂的蜂巢，

找了很久才找到。

"石蜂的蜂巢盖得真坚固啊！

我得想办法钻进去！"

暗蜂仔细地查看蜂巢的每一个角落，

但却找不到一条可以钻进去的缝隙。

石蜂的蜂巢非常坚固，里面有很多房间，
每两个房间之间还有一堵用来保护幼虫的保护墙。
暗蜂只好在岩石般的墙壁上挖洞。
只见她不停地挖出一粒粒沙子，
不知道过了多久，墙壁上开始出现小小的缝隙。

暗蜂好不容易挖出了一个自己能够通过的小洞，

眼前却出现了另一堵墙，

这就是石蜂幼虫居住的房间外的保护墙。

"啊，真累呀！不过，

为了自己的宝宝，这点儿苦根本不算什么！

石蜂不也是为了自己的宝宝，

才盖了一栋这么坚固的房子吗？"

暗蜂开始啃咬保护墙。

要知道，石蜂的蜂巢比水泥墙还坚固，

只能凭借嘴巴挖掘的暗蜂

费了好大的力气才挖开了保护墙。

接下来，暗蜂还需要在装有花蜜的小房间的
墙壁上继续挖洞。
费了九牛二虎之力才挖完洞的暗蜂，
在石蜂的卵旁产下了自己的卵。
"小宝宝，快快长大吧！
不要担心其他昆虫闯进来伤害你们，
妈妈离开时会堵住刚刚挖开的小洞。"
暗蜂小心翼翼地用自制的材料把洞口填好。
她封洞的技术一点儿也不输石蜂，
只是她使用的材料和石蜂的不同，
所以重新封好的洞门的颜色和原来的不太一样。

"终于完成了！真是个大工程啊！
小宝宝，妈妈希望你们健康成长！
虽然我们也喜欢占便宜，
但是你们要记住，
千万不要成为什么都不做的懒鬼！"
暗蜂站在洞口温柔地叮嘱了几句后，
拖着疲惫的身体离开了。

我的昆虫观察笔记

请用文字或图画记录你的所见所感。

싸움대장 황라사마귀 by Susanna Ko (author) & Se-jin Kim (illustrator)
Copyright © 2003 Bluebird Child Co.
Translation rights arranged by Bluebird Child Co. through Shinwon Agency Co. in Korea
Simplified Chinese edition copyright © 2025 by Beijing Science and Technology Publishing Co., Ltd.

著作权合同登记号　图字：01-2005-3607

图书在版编目 (CIP) 数据

　　法布尔昆虫记. 霸王镰刀手螳螂与摇篮入侵者寄生蜂 /（韩）高苏珊娜编
著；（韩）金世镇绘；李明淑译. —北京：北京科学技术出版社，2025.1
　　ISBN 978-7-5714-2914-0

　　Ⅰ．①法… Ⅱ．①高… ②金… ③李… Ⅲ．①昆虫－儿童读物②螳螂
目－儿童读物③蜂－儿童读物 Ⅳ．① Q96-49 ② Q969.26-49 ③ Q969.54-49

　　中国国家版本馆 CIP 数据核字 (2023) 第 031294 号

策划编辑：徐乙宁
责任编辑：吴佳慧
封面设计：包荧莹
图文制作：天露霖
出 版 人：曾庆宇
出版发行：北京科学技术出版社
社　　址：北京西直门南大街 16 号
邮政编码：100035
电　　话：0086-10-66135495（总编室）
　　　　　0086-10-66113227（发行部）
网　　址：www.bkydw.cn
印　　刷：保定华升印刷有限公司
开　　本：787mm×1092mm 1/16
字　　数：88 千字
印　　张：7
版　　次：2025 年 1 月第 1 版
印　　次：2025 年 1 月第 1 次印刷
ISBN 978-7-5714-2914-0

定　　价：299.00 元（全 10 册）